应急安全
知识手册

自然灾害

夏庆刚　　刘文菁 / 主编

王庆红 / 副主编

中国海洋大学出版社
·青岛·

图书在版编目（ＣＩＰ）数据

自然灾害 / 夏庆刚，刘文菁主编 . — 青岛 : 中国
海洋大学出版社 , 2021.5 （2023.8 重印）
（应急安全知识手册）
ISBN 978-7-5670-2822-7

Ⅰ.①自… Ⅱ.①夏… ②刘… Ⅲ.①自然灾害—灾
害管理—中国—手册 Ⅳ.① X432-62

中国版本图书馆 CIP 数据核字 (2021) 第 085794 号

出版发行	中国海洋大学出版社
社　　址	青岛市香港东路23号　　邮政编码　266071
出 版 人	杨立敏
网　　址	http://pub.ouc.edu.cn
订购电话	0532-82032573 （传真）
责任编辑	张　华
印　　制	青岛海蓝印刷有限责任公司
版　　次	2021年6月第1版
印　　次	2023年8月第3次印刷
成品尺寸	120mm×185mm
印　　张	2.5
字　　数	48千
印　　数	8001—12000
定　　价	18.00元

发现印装质量问题，请致电0532-88785354，由印刷厂负责调换。

应急安全知识手册

编委会

主 任 肖 鹏

编 委 （按姓氏笔画排序）

王 钰　王庆红　云霄鹏

叶伟江　田 琳　孙 慧

吕学强　刘文菁　刘桂法

李凤霞　赵 磊　侯家祥

夏庆刚　程咸勇

目录

地震灾害

　　地震灾害是指由地震引起的强烈地面震动及伴生的地面裂缝和变形，使各类建（构）筑物倒塌和损坏，设备和设施损坏，交通、通讯中断和其他生命线工程设施等被破坏，以及由此引起的火灾、爆炸、瘟疫、有毒物质泄漏、放射性污染、场地破坏等造成人畜伤亡和财产损失的次生灾害。

一　了解地震

（一）地震的等级

图1-1　地震等级图

（二）地震的规律

破坏性地震发生时，从人感觉振动到建筑物被破坏平均只有12秒。地震中最危险的时刻是在晃动最强烈的时候，强行逃出房屋或试图返回房屋抢救同伴及物品都会加大被坠落物体砸伤的概率。

发生地震时，由震源产生向四周传播的地震波，先是纵波引起地面上下振动，后是横波引发地面左右晃动，短则一二十秒，长则一两分钟，之后会有短暂平静期。房子晃动时，可躲在安全的地方，等不晃时再转移到可藏身的安全之处。

主震后一般会接连发生一系列余震，强度一般都比主震小，时间可达数日至数月。

二 地震避震指南

（一）室内避震

1. 保护好头部，蹲下，寻找掩护。可就近躲在结实的写字台、桌子、长凳下，或身体紧贴承重墙作为掩护，然后双手抓牢桌子腿等固定物体，保持身体稳定；也可选择有

图1-2　室内避震时可躲在桌下

水管和暖气管处躲避。若附近没有可供躲藏的空间，可用身边的垫子、背包等护住头顶，蹲伏于房间的角落。

2. 远离玻璃制品、建筑物外墙、门窗以及家具、灯具等容易破碎、倒塌或坠落的物体。

图1-3　室内避震时应远离灯具

3. 不要使用电梯，如果地震时刚好在电梯里，应迅速按下所有楼层按钮使电梯停下，尽快离开。若被困在电梯里，应使用紧急呼叫按钮求救。

图1-4　地震时不要使用电梯

4. 身处平房且屋外场地开阔时，可在大地开始摇晃后尽快跑到室外避震。学生应在老师指挥下，迅速躲在课桌下或在地震过后有组织地疏散。

图1-5　跑向室外开阔的地方避震

小提示

　　地震发生时，要保持冷静，判断地震的大小和远近：如果感觉晃动很轻，说明震源比较远，躲在坚实的家具旁即可。近震常以上下颠簸开始，之后才左右摇摆；远震则少有上下颠簸的感觉，而以左右摇摆为主。

（二）户外避震

　　1. 在户外遇到地震时，应就地选择开阔处趴下或蹲下避震。不要乱跑，避开人多的地方。不要随便返回室内。要远离山崖、陡坡、河岸及高压线等。

　　2. 避开高大建筑物，如楼房、建筑、过街天桥、立交桥、烟囱。避开变压器、电线杆、路灯、广告牌、吊车等危险物和高耸物。要保护好头部，避开易倒塌之处。

　　3. 如正乘坐交通工具，乘客可抓牢扶手、低头，并尽可能降低重心，躲在座位附近，待车停稳后下车。驾驶员应尽快减速、靠路边停车并尽快离开。

（三）公共场所避震

1. 在影剧院、体育馆等场所，可就地蹲下或躲在排椅下，注意避开吊灯、电扇等悬挂物，用皮包等物保护头部。

图1-6　在影剧院避震

2. 在商场等处时，可选择结实的柜台、低矮的家具或柱子边、内墙角处就地蹲下，用手或其他东西护头，避开玻璃门窗、玻璃橱窗和超市货架。

图1-7　在商场避震

3. 应听从现场工作人员的指挥，有序撤离，千万不要慌乱中跳楼，谨防拥挤和踩踏。

图1-8　有序撤离，不要慌乱

小提示

　　公园、公共绿地、城市广场、体育场、学校运动场等都可作为应急避难场所使用。

三　地震停止后的脱险指南

（一）迅速转移到安全地带，同时防止受伤

　　1. 在保证自身安全的情况下处理好周围火源，以免意外引发火灾，带来二次伤害。

　　2. 转移时，尽量穿着厚底鞋，以免被碎玻璃等尖锐物品扎伤。

　　3. 就近转移到有应急设施和物资的应急避难场所、灾民安置点或开阔平坦、地势较高的地方，避开高压线等。

（二）不幸被埋压时的脱险处置

1. 树立生存信心，保持呼吸畅通，清理口鼻附近的尘土，尽量挪开压在头部、胸部的杂物。

2. 设法挪开身边可移动的杂物，扩大生存空间，用身边的木棍或者铁棍支撑断壁，防止余震。

3. 保存体力，不要盲目哭喊，使用应急哨子或者敲击管道发出呼救信号，等待救援人员发现。

4. 观察四周有没有光亮，尝试寻找、开辟逃生通道。当开辟通道费时过长、费力过大或不安全时，应立即停止。

5. 根据条件处理外伤，可用身上的衣物、能够到的布条包扎伤口，避免流血过多、伤口感染。

6. 维持生命，尽量寻找食品和饮用水，必要时尿液也能解渴。

四　震后救援注意事项

1. 震后救援时，应注意不要破坏被埋者周围主要的支撑物，防止进一步坍塌造成二次伤害。

2. 小心移开伤者身上压着的重物，先露出伤者的头部，迅速清除其口鼻内的尘土，寻找木板、门板等将其抬出救离。

3. 对于已失去意识的伤者须立即进行心肺复苏。

4. 若获救的伤者遇到心理障碍，须适时为其提供心理援助。

小提示

震后救援三原则

先易后难——先救埋压较浅、容易救出的轻伤人员。

先近后远——先救离自己最近的被压埋者。

先多后少——先救压埋人员多的地方，如学校、医院、商场等人员密集场所。

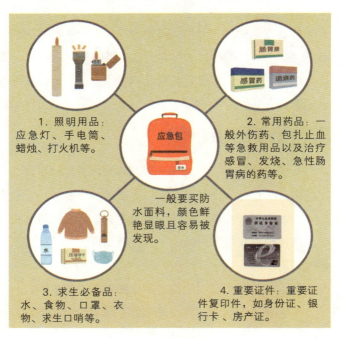

1. 照明用品：应急灯、手电筒、蜡烛、打火机等。

2. 常用药品：一般外伤药、包扎止血等急救用品以及治疗感冒、发烧、急性肠胃病的药等。

一般要买防水面料，颜色鲜艳显眼且容易被发现。

3. 求生必备品：水、食物、口罩、衣物、求生口哨等。

4. 重要证件：重要证件复印件，如身份证、银行卡、房产证。

图1-9 地震应急包

其他主要地质灾害

一　崩塌

崩塌是指陡峻斜坡的巨大岩块，在重力作用下突然而猛烈地向下倾倒、翻滚、崩落的现象。山体崩塌一路裹挟沙土石块，会掩埋公路和铁路，造成极大破坏。

（一）崩塌的形成

崩塌经常发生在山区河流、沟谷的陡峻山坡上，坡体多大于45度且高差较大，有时也发生在高陡的路堑边坡上。

图2-1　崩塌的形成条件

绝大多数崩塌都发生在雨季尤其是暴雨天气或暴雨之后。除了雨水、山体构造运动等因素之外，一些人为因素和自然活动等，也能影响山体的稳定性，引起崩塌。如地震、爆破、人工开挖边坡土石体甚至列车的震动，都有可能增大边坡或边坡岩土块体的不稳定性，导致崩塌的发生。

崩塌发生前一般会有这些前兆：崩塌体后部出现裂缝；崩塌体前缘掉块，土体滚落，小型崩塌不断发生；坡面出现新的破裂变形甚至小面积土石剥落；岩质崩塌体有时会有崩裂声。

（二）崩塌避险指南

1. 不要进入或通过有警示标志的崩塌危险区。

2. 发现有崩塌的前兆时，应立即报告有关部门，并通知其他受威胁的人群。要提高警惕，密切注意观察，做好撤离准备。

3. 感到地面有变动时，要立即离开，用最快的速度向两侧稳定区域逃离。向上方或下方跑都很危险。

4. 无法逃离时，找一块坡度较缓的开阔地停留，但一定不要和房屋、围墙、电线杆等靠得太近。

二 滑坡

滑坡是指山体斜坡上的一部分岩土，受河流冲刷、地下水活动、雨水浸泡、地震及人工切坡等因素影响，在重力作用下，沿着一定的软弱结构面（带）产生位移，整体地或分散地顺坡向下滑动的自然现象。

（一）滑坡的形成

地震、降雨和融雪，地表水的冲刷、浸泡，河流等地表水体对斜坡坡脚的不断冲刷，都有可能引发滑坡。

海啸、风暴潮、冻融等也可诱发滑坡。

不合理的人类工程活动也是引发滑坡的因素之一。

图2-2　山体滑坡的诱发因素

山体滑坡常见的诱发因素包括自然因素（地震、降雨和融雪、地表水的冲刷、海啸、风暴潮等）和人为因素（过度采矿、乱砍滥伐等）。滑坡的位置越高、体积越大、移动速度越快，其活动强度越高，危害程度也越大。

发生山体
滑坡的前兆

图2-3 发生山体滑坡的前兆

堵塞多年的泉水有复活现象，或者出现泉水突然干枯，并水位突变等类似的异常现象。

滑坡体前部出现横向及纵向放射状裂缝，反映出滑坡体向前推挤并受到阻碍，已进入临滑状态。

滑坡体前缘坡脚处的土体出现上隆现象，这是滑坡明显的向前推挤现象。有岩石开裂或被挤压的声响。

滑坡体四周岩体会出现小型崩塌和松弛现象。滑坡后缘的裂缝剧烈扩展，并从裂缝中冒出热气或冷气。

（二）滑坡避险指南

1. 沉着冷静，迅速环顾四周，快速向两侧较安全地段撤离，朝垂直于滚石前进的方向逃生。不要选择滑坡的上坡或下坡方向。

图2-4 选择与滚石垂直的方向逃生

2. 遇到无法跑离的高速滑坡时，原地不动或迅速抱住身边的大树等固定物体，或躲在结实的障碍物下，注意保护好头部。

3. 在确保安全的前提下，选择避险的场所离原居住处越近越好，交通、水源等更方便。千万不要顺着滑坡方向跑。

4. 如发现滑坡危险区域有可疑的滑坡活动，应及时向相关部门反映情况。

三 泥石流

泥石流是指在降水、溃坝或冰雪融化形成的地面流水的作用下，在沟谷或山坡上产生的一种携带大量泥沙、石块等固体物质的特殊洪流。

泥石流一般暴发突然，来势凶猛且迅速，常与山洪相伴，兼有崩塌、滑坡和洪水破坏的多重作用，其危害范围程度比单一的崩塌、滑坡和洪水的危害更为广泛和严重。大量泥石伴着洪水会淹没房屋、庄稼、人畜等，冲毁各种交通、水利、水电设施，甚至直接损毁村庄和城镇，危害性极强。

（一）泥石流的形成

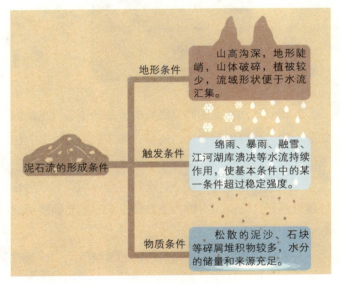

地形条件　山高沟深，地形陡峭，山体破碎，植被较少，流域形状便于水流汇集。

泥石流的形成条件

触发条件　绵雨、暴雨、融雪、江河湖库溃决等水流持续作用，使基本条件中的某一条件超过稳定强度。

物质条件　松散的泥沙、石块等碎屑堆积物较多，水分的储量和来源充足。

图2-5　泥石流的形成条件

泥石流发生前，一般会有三个前兆：一是河流突然断流或水势突然增大，并且夹杂柴草和树枝；二是深谷传来类似火车轰鸣声或闷雷般声音；三是沟谷深处突然昏暗且有轻微震动感，说明河流上游可能已形成山洪泥石流。

（二）泥石流避险指南

1. 山洪泥石流多发地区的居民及在沟谷内逗留或活动的人员应随时关注暴雨预警信息和天气预报，一旦遭遇大雨、暴雨，要迅速转移

图2-6　关注暴雨预警信息

到安全的高地，不要在低洼地区或陡峻的山坡下躲避、停留。

2. 留心周围环境，特别警惕远处传来的土石崩落、激流奔涌等异常声响，积极做好防范准备。

3. 发现泥石流袭来时，要马上向沟岸两侧高处跑，不要停留在凹坡地段，一定谨记不要往沟岸上游或下游跑。

图2-7　向树木密集地逃生

4. 可就近选择树木密集地逃生，密集的树木对泥石流有一定的阻挡作用，但不要上树逃生，因为大树有可能被泥石流连根拔起。

5. 同时遇强降雨时，要往地质坚硬且不易被雨水冲毁的没有碎石的岩石地带逃生。

6. 暴雨停止后，不要急于返回住地，应等待一段时间。临时躲避棚应选择在距离村庄较近的低缓山坡附近安置。

7. 驾车遇泥石流时，应果断弃车而逃。泥石流会间歇性发生，因此刚发生过的地区不一定安全。应寻找安全逃生路线，丢弃身上的沉重装备和行李，保留通信工具，方便与外界联系并求助。

图2-8　遭遇泥石流时应弃车逃生

小提示

泥石流暴发具有季节性和周期性，一般在多雨的夏、秋季节，受连续降雨、暴雨（尤其特大暴雨）的激发容易发生。其活动常与暴雨、洪水、地震的活动相伴甚至叠加，带来更大的危害。

气象灾害

一 寒潮

寒潮是极地或寒带的冷空气大规模地向中、低纬度地区侵袭的天气活动。每年秋末到来年初春，寒潮都会从高纬度地区袭来，带来大幅度降温，并常伴有大风和雨、雪天气，严重者导致霜冻等自然灾害。

（一）寒潮的形成与危害

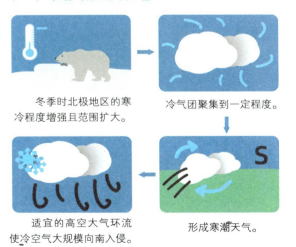

冬季时北极地区的寒冷程度增强且范围扩大。

冷气团聚集到一定程度。

适宜的高空大气环流使冷空气大规模向南入侵。

形成寒潮天气。

图3-1 寒潮的形成

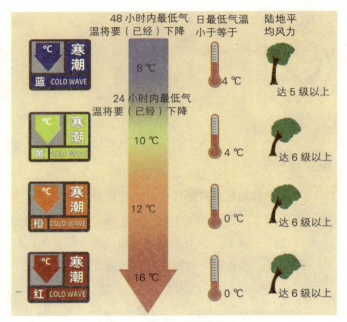

图3-2　寒潮预警级别

寒潮的危害：

（1）影响农业生产，使农作物发生霜冻害或冻害，造成严重减产。

（2）寒潮会给交通及海上作业带来威胁，造成能见度低、地面结冰和路面积雪等情况；还易损害供电线，使线路中断，造成电力损失。

（3）大风降温天气容易引发和加重感冒、冠心病、中风、哮喘、心肌梗死等疾病。

（二）寒潮应急指南

1.农业生产方面

做好加固棚架、压紧棚膜、保温防冻等工作。牧民和养殖户注意做好圈舍加固、畜禽免疫等工作，提高畜禽抗寒抗病能力。

2.出行方面

应避免或减少户外活动，采取防寒保暖、防滑措施。行车时减速慢行，注意路况。

3.健康防护方面

注意防治呼吸道传染病，避免去人群拥挤的公共场所；注意环境卫生和室内通风，勤洗手，注意保暖。老弱病人尽量不外出。

图3-3　寒潮来时老弱病人尤其要注意保暖

二 / 暴雨

暴雨是一种强对流天气，常伴有雷电。

（一）暴雨及暴雨预警的不同级别

表3-1 暴雨等级划分表

等级	12 小时降雨量（毫米）	24 小时降雨量（毫米）
暴雨	30.0—69.9	50.0—99.9
大暴雨	70.0—139.9	100.0—249.9
特大暴雨	≥ 140.0	≥ 250.0

暴雨蓝色预警：12 小时内降雨量将达 50 毫米以上，或者已达 50 毫米以上且降雨可能持续。

暴雨黄色预警：6 小时内降雨量将达 50 毫米以上，或者已达 50 毫米以上且降雨可能持续。

暴雨橙色预警：3 小时内降雨量将达 50 毫米以上，或者已达 50 毫米以上且降雨可能持续。

暴雨红色预警：3 小时内降雨量将达 100 毫米以上，或者已达 100 毫米以上且降雨可能持续。

图3-4　暴雨预警的不同级别

（二）暴雨应急指南

1.行车途中

（1）关注路况，小心驾驶。及时打开车灯，雨刷、防雾灯和近光灯必须打开。

（2）防止侧滑，驾驶员应双手平衡握住方向盘，保持直线、低速行驶。

（3）保持安全车距，放缓车速，尽量不要急刹车，以免追尾。

（4）路面积水不超过半个车轮时，一般车辆可以放慢车速正常通过。

2.汽车涉水

（1）应保证发动机运转正常，低速挡平稳行驶，避免用力大踩油门或猛冲。

（2）稳住油门，保持汽车有足够而稳定的动力，一次性通过；避免中途停车、换挡或急转弯。如果积水水位接近保险杠或轮胎的2/3处时，应尽量绕行或到路边高处停车，勿强行通过。

（3）若车辆不慎落水，应立即熄火，而且汽车刚

　　落水时就应尽快打开车门逃生，因为此时车门最易打开。如果水浸过了车窗，可选侧窗位置破窗自救，因为侧窗挡风玻璃的厚度比前后窗小，更容易逃生。

　　（4）可用安全锤等工具敲击玻璃边缘和四角，注意遮挡脸部和手部。破窗瞬间大量水涌入车内时，保持住身体平衡，水流稳定后，开车门逃生。没有工具时可用安全带搭扣的尖端插入玻璃和窗框缝隙，再用力猛拉出安全带时，玻璃一般就会变形碎裂。

图3-5　汽车安全带搭扣可作为应急破窗工具

（5）汽车入水时，一般电路不会立即失效。可尝试打开天窗逃生。

> **小提示**
>
> 要尽量避开易积水的路段，对于不熟悉的路况，不了解积水深度时，不要轻易让汽车涉水。如汽车在涉水过程中熄火，切勿重新点火启动，因为这样会令已进水的汽缸受到压缩水的冲击，造成发动机受损。

3.个人安全

（1）居民尽量不要外出。因暴雨常伴雷电，因此要关闭不必要的电器，拔掉电源线等可将雷电引入的金属导线。不要使用太阳能热水器，避免雷击。

（2）若来不及进入室内，注意不要在大树下避雨和接打手机，防止雷击。远离低洼地区、电线杆以及户外广告牌等临时性建筑物。

（3）不要在大雨时骑电动车。行人遇水坑时，可找一根棍子辅助性试探通过。

（4）为预防危旧房屋发生内涝，可在门口放置挡水板、堆置沙袋等。必要时要进行人员转移，安置到安全地带。

（5）不要贸然涉水，避免由于井盖被冲走而误坠井。注意夜间暴雨，提防老旧房屋倒塌伤人。

暴雨冲走的生活垃圾、动物尸体和粪便等，会增加水源污染的风险，因此一定要注意饮水卫生，饮用彻底煮沸的水，并注意餐具及饮食卫生。

图3-6　暴雨后要注意卫生安全

小提示

暴雨会导致城市内涝，有时会带来洪水灾害和泥石流等次生地质灾害，一定不能大意，要认真做好防范工作。

三　雷电

雷电是伴有闪电和雷鸣的一种放电现象。

（一）雷电的行成

雷电一般产生于对流发展旺盛的积雨云中，常伴有强烈阵风和暴雨，有时还会伴随冰雹和龙卷风，形成局地对流性天气——雷暴。

雷电产生于积雨云，一般在夏季出现。

— 云层下面带负电

＋ 地面带正电

图3-7　了解雷电

雷电预警分为三级。

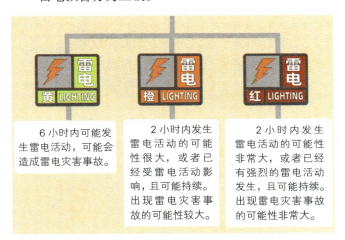

雷电
黄 LIGHTING
雷电
橙 LIGHTING
雷电
红 LIGHTING
6小时内可能发生雷电活动，可能会造成雷电灾害事故。
2小时内发生雷电活动的可能性很大，或者已经受雷电活动影响，且可能持续。出现雷电灾害事故的可能性较大。
2小时内发生雷电活动的可能性非常大，或者已经有强烈的雷电活动发生，且可能持续。出现雷电灾害事故的可能性非常大。

图3-8　雷电预警等级

（二）雷电的分类

雷电可分为直击雷、电磁脉冲、球形雷、云闪。

雷电的分类

- ◎直击雷：
  直接打击到物体上的雷电，威力最强。
- ◎球形雷：
  跟着气流运动，人碰到后不能跑，否则会紧随而至。看到它时应双手抱头、双脚并拢并立即蹲下。
- ◎电磁脉冲：
  影响电子设备，受感应作用所致。
- ◎云闪：
  在云层内部、云与云之间或一块云的两边发生的放电现象，对人类危害最小，对微电子设备等很具杀伤力。

图3-9　雷电的分类

雷电产生的高温、猛烈的冲击波以及强烈的电磁辐射等使其能在瞬间产生巨大的破坏作用，常造成人员伤亡，击毁建筑物、供配电系统，引起森林火灾，造成仓储、油田等燃烧甚至爆炸，危害人民财产和人身安全。

图3-10 雷电的危害

（三）防雷击指南

1. 户外避雷

（1）户外遇到雷电，不要停留在高楼平台上，不要使用手机，应立即寻找装有避雷针的建筑物或进入钢筋混凝土建筑物内躲避。

（2）雷电通常会击中户外最高物体的尖顶，所以要远离孤立的高大树木或建筑物、电线杆、铁塔等高耸物体，远离铁路轨道、外露的水管、煤气管等金属物体和电力设备。若在户外看到高压线遭雷击断裂，应警惕高压线断点附近存在跨步电压，千万不要跑动，而应双脚并拢，跳离现场。

（3）户外躲避雷雨时，注意不要用手撑地，应双手抱膝，胸口紧贴膝盖，尽量低头，因为头部比身体其他部位更易遭到雷击。不要与人拉手等，应使用塑料雨具、雨衣等。

图3-11　户外抱膝蹲地的避雷姿势

（4）密闭的汽车内可暂时避雷，应关闭所有车窗，关掉引擎和音响系统等。

（5）如正在钓鱼，要停止垂钓，远离水边；在海边游泳或游玩的，应立即离开。

（6）在空旷的场地上，不要把金属工具扛在肩上。

小提示

户外遇雷电交加时，头、颈、手等部位有蚂蚁爬走感，头发竖起，说明将会发生雷击，应赶紧趴在地上，并褪去身上的金属饰品等。

2. 室内避雷

（1）关闭门窗，远离阳台和外墙壁，防止雷电直击或球形雷飘进室内，不要将头或手伸出窗外。

（2）注意用电安全，家用电器靠内墙安放，切断室内家用电器电源并拔掉电源插头，不要使用室外天线。

（3）不要频繁接打电话，避免接触煤气管道、自来水管道及各种带电装置。

（4）不要使用花洒和太阳能热水器淋浴，防止电流沿着水流传导而造成雷击。

3. 旅途中避雷

（1）如果在汽车或火车厢内，不要在雷电发生时下车。

（2）注意观察地形，远离山顶，寻找低洼处。

（3）在旷野中，雷电来临时，应立即就近寻找山洞等避雷场所。

（四）雷击烧伤的急救

1. 立即施救，被雷击者身上不会带电，被雷击中的一瞬间，电流已经过人体导入大地。如受雷击者衣服着火，可用厚外衣或毯子包住伤者或往其身上泼水。

2. 人被雷击伤后会有"假死"现象，呼吸、心跳中断。此时必须不间断地进行心肺复苏，直到其有自主呼吸，然后再处理烧伤创面。

3. 冷水冷却伤处，然后盖敷料或其他可用的清洁的布、衣服等。

4. 及时送医，抢救过来后，不能马上站立，应卧床休息直至恢复。

四 龙卷风

龙卷风是一种强烈且小范围的空气涡旋，是在极不稳定天气下因空气强烈对流运动产生的，是由雷暴云底伸展至地面的漏斗状云（龙卷）产生的强烈旋风，属于一种少见的、突发性的强对流天气。

（一）龙卷风的形成

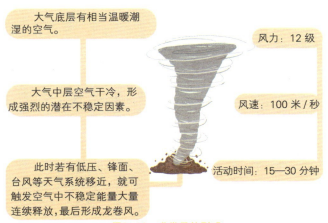

大气底层有相当温暖潮湿的空气。

风力：12 级

大气中层空气干冷，形成强烈的潜在不稳定因素。

风速：100 米／秒

此时若有低压、锋面、台风等天气系统移近，就可触发空气中不稳定能量大量连续释放，最后形成龙卷风。

活动时间：15—30 分钟

图3-12 龙卷风的形成

表3-2　龙卷风的等级与破坏性

等级	破坏性	速度
F0	轻度破坏	< 33 米 / 秒
F1	中度破坏	33—50 米 / 秒
F2	较严重的破坏	51—70 米 / 秒
F3	严重破坏	71—92 米 / 秒
F4	毁灭性破坏	93—116 米 / 秒
F5	极度破坏	117—142 米 / 秒

龙卷风影响范围虽小，但破坏力极大，会使成片庄稼和树木等瞬间被损毁，交通中断，房屋倒塌，给人们生命、财产安全和农业生产带来威胁。

小提示

在我国，龙卷风主要发生在东部平原地区，春、夏两季午后至傍晚多发。

（二）龙卷风避险指南

1. 居家期间，远离门窗和外墙，最安全的地方是地下室或半地下室。

2. 室外电线杆和房屋倒塌的情况下，及时切断电源，防止电击或引发火灾。

3. 在野外遭遇龙卷风时，就近寻找低洼处伏在地面上，躲避大树、电线杆、高压线等，以免被砸、被压和触电。

4. 行车途中遭遇龙卷风时，应立即离开汽车，到低洼处躲避。

五 / 高温

高温是一种常见的气象灾害。我国一般把空气温度达到或超过35℃以上时称为高温；达到或超过37℃以上时称为酷暑；连续3天以上的高温天气过程称为高温热浪或高温酷暑。我国的高温天气主要集中在5—10月。全球气候变暖、城市热岛效应等导致近年来高温天气的出现日趋频繁。

（一）了解高温

高温蓝色预警 （部分地区使用）		气象台（当天）预测未来48小时将持续出现最高气温为35℃及以上的高温天气时，提前发出的预警。
高温黄色预警		连续三天日最高气温将在35℃以上。
高温橙色预警		24小时内最高气温将升至37℃以上。
高温红色预警		24小时内最高气温将升至40℃以上。

图3-13 高温预警的级别

高温会影响人体体温调节功能，引发中暑及其他并发症，损害人体机能，重症中暑时若不及时救治，甚至会致命。

（二）中暑的表现及防范

1. 中暑的表现

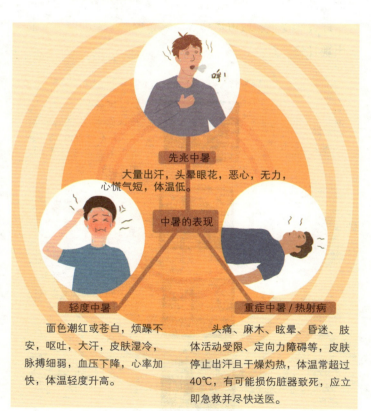

先兆中暑

大量出汗，头晕眼花，恶心，无力，心慌气短，体温低。

中暑的表现

轻度中暑

面色潮红或苍白，烦躁不安，呕吐，大汗，皮肤湿冷，脉搏细弱，血压下降，心率加快，体温轻度升高。

重症中暑/热射病

头痛、麻木、眩晕、昏迷、肢体活动受限、定向力障碍等，皮肤停止出汗且干燥灼热，体温常超过40℃，有可能损伤脏器致死，应立即急救并尽快送医。

图3-14　中暑的表现

由此可见，中暑是人体长时间在高温环境下，体温调节功能出现障碍，机体产生水、电解质代谢紊乱及神经系统功能损害的现象。

图3-15 中暑是什么

2.应急指南

（1）立即从高温环境转移到阴凉、通风处休息，但不可马上进入封闭的空调房间。

（2）让中暑者平躺、下肢抬高并解开衣扣、腰带等，敞开上衣，用湿毛巾擦拭其头颈部、腋窝、大腿根等以散热降温；也可在其额头、太阳穴处涂抹清凉油、风油精或服用十滴水、藿香正气水等。

（3）及时补水。初期及轻度中暑者，可在补充水分的同时，加入少量盐分。不要饮用冰水，以免胃部痉挛。

小提示

中暑者应避免过量饮水造成体内水分和盐分大量流失，少量多次补充水分且每次不超过300毫升为宜。

33

（4）对中暑较重或昏迷者，应掐按人中、合谷穴，使其苏醒。对呼吸停止者，立即实施人工呼吸。重症患者，尽快用担架搬运送医。

3. 预防中暑的注意事项

（1）注意天气预报和高温预警信息，夏日尽量避免在10点至16点时外出，如必须外出，一定做好防护措施，打遮阳伞、戴遮阳帽和墨镜并涂抹防晒霜等。

（2）合理使用空调，避免室内外温差过大产生"空调病"和热伤风。

（3）及时补充水分，不要等口渴再喝水。调节情绪，劳逸结合，保持清淡饮食和充足睡眠。

六 台风

台风是发生在西北太平洋和南中国海的强热带气旋的一种。西北太平洋西部（赤道以北，国际日期线以西，东经100度以东）地区通常称其为台风；北大西洋及印度洋地区普遍称之为飓风。

台风来袭

欧洲、北美——飓风
东亚、东南亚——台风
孟加拉湾地区——气旋型风暴
南半球国家和地区——气旋

图3-16 台风的不同叫法

小提示

　　每一个台风都有一个名字，为避免名称混乱，2000年1月1日起，世界气象组织对西北太平洋和南海的热带气旋，采用具有亚洲风格的名字统一命名。

（一）台风与台风预警的等级

　　我国把南海与西北太平洋的热带气旋按其底层中心附近最大平均风力（风速）的大小划分为6个等级，其中中心附近风力达12级或以上的，统称为台风。

表3-3　台风（热带气旋）等级表

台风种类	底层中心附近最大风力（级）	底层中心附近最大平均风速	
		米/秒	千米/小时
热带低压	6—7	10.8—17.1	39—61
热带风暴	8—9	17.2—24.4	62—88
强热带风暴	10—11	24.5—32.6	89—117
台风	12—13	32.7—41.4	118—149
强台风	14—15	41.5—50.9	150—183
超强台风	≥ 16	≥ 51.0	≥ 184

　　我国台风主要发生在夏、秋季节，多在东南沿海地区登陆。夏季海洋上温度高、湿度大，能量充沛，有利于台风形成。台风形成以后，有一定的移动路径。

台风预警信号		应对措施
	24 小时内可能或已受台风影响，平均风力达 6 级以上或阵风 8 级以上。	做好防风准备，关注台风信息。
	24 小时内可能或已受台风影响，平均风力达 8 级以上或阵风 10 级以上。	进入防风状态，停止户外大型集会、停课。
	12 小时内可能或已受台风影响，平均风力达 10 级以上或阵风 12 级以上。	进入紧急防风状态，停止大型集会，停业停课，转移疏散，人员躲避。
	6 小时内可能或已受台风影响，平均风力达 12 级以上或阵风 14 级以上。	停止集会，停业停课，人员躲避。

图3-17 台风预警的不同级别与应对

台风会带来强风、暴雨和风暴潮，它们都具有极强的破坏力，有可能刮倒建筑物和高空设施，破坏性极强，威胁人们正常的生产生活和生命安全。

（二）台风来临时的注意事项

1. 个人安全

（1）居民尽量居家，避免外出，关严门窗。不要在迎风的一侧开门窗，避免强气流吹入。雨势变小再出行，穿雨衣，勿使用雨伞，弯腰前行并注意落物。

（2）选择合适的躲避地点。寻找高大建筑物躲避，不要躲在危旧住房、临时建筑、电线杆、脚手架以及广告牌或大树下。及时从危房或抗风能力较差的居所撤离。

图3-18　台风来时应远离户外广告牌和高压线

（3）若在山区进行活动时遇到台风，必须尽快撤离，短时强降雨会引发山洪、滑坡等地质灾害。

2. 家庭安全

（1）储备好食物、手电筒、饮用水、蜡烛等，防止断水断电。

（2）固定好花盆、空调室外机等室外物品，检查门窗安全，如有松动，尽快处理。

（3）拔掉电器的电源插头，检查家庭电路、煤气等设施，确保安全。

3. 车辆安全

（1）台风到来前，尽量将车辆停在车库里或移至高处，并检查雨刷和车灯电路系统功能，确保随时使用。

（2）行车时遭遇台风要放慢速度，尤其经过弯道、风口、桥梁时应减速，防止侧翻。

（3）能见度小于100米时，打开近光灯、示廓灯、前后尾灯和危险报警闪光灯（双闪灯），保持视野良好。避开低洼地段，以免遭遇山洪。

4. 公共安全

建议中小学生停课，各场所关闭门窗，危险地带工作人员撤离到安全区域，停止一切高空和户外作业活动。低洼地段的居民有需要的话，须做好转移工作。

（三）台风过后注意事项

1. 台风外围环流会使沿海（江）地区产生强风浪，台风过后，避免立即去海（江）边活动。

图3-19 台风过后不要去海边

2. 台风过后山区塌方概率较高，避免开车进山区，如确实需要进入，务必按指示牌行驶。

3. 不要乱接断落电线，因被风刮落的电线有可能带电，所以应保持安全距离。

4. 及时清运垃圾，注意环境卫生和家庭卫生，做好灾后的卫生防疫工作，预防虫媒传染病，注意饮用水安全和饮食安全。

七 沙尘暴

沙尘暴是指强风将地面尘沙吹起使空气很浑浊且水平能见度小于1千米的天气现象，多发于冬春季节。

（一）了解沙尘暴

沙尘暴的形成需要三个自然条件：地面沙尘、大风和不稳定的空气状态。干旱少雨、天气回暖是沙尘暴产生的自然条件，人为过度放牧、滥伐森林植被、人为过度垦荒等造成土地沙漠化，是沙尘暴形成的直接人为因素。

沙尘中含有浮尘颗粒物，通过呼吸进入人体的话，会影响人体多个器官，导致鼻炎、气管炎、结膜炎等。春季沙尘暴中还可能携带有花粉等诱发过敏的成分，体弱及易过敏体质者尤其需要做好防护。

（二）沙尘暴的治理措施

1.加强生态环境保护，改善地表植被，减少荒地、春耕带来的地表土松散。

2.建立防风带，防止土地沙漠化扩大。

3.减少对自然资源的开发，禁止乱砍滥伐，恢复生态功能，加强生物防护体系建设。

图3-20　自觉保护生态环境

（三）沙尘暴的防护

1.及时关闭门窗，外出时戴口罩并用纱巾蒙住头，防止沙尘进入眼睛和呼吸道。

2.车辆减速慢行，谨慎驾驶；行人注意提防高空坠落物品砸伤。

3.收拾阳台等处放置的室外用品，避免伤害他人。

4.尽量少出门，尤其是患有呼吸道过敏性疾病的人以及老人、儿童，如不得不出门，做好个人防护。

八 雾霾

雾霾是雾和霾的组合，常见于城市。中国不少地区将雾并入霾一起作为灾害性天气现象进行预警预报，统称为"雾霾天气"。

（一）认识雾霾

PM 英文全称为 particulate matter，其中文名为细颗粒物，表示每立方米空气中直径小于或等于 2.5 微米的颗粒物的含量。数值越高，表示空气污染越严重。

PM2.5 粒径小，富含大量的有毒有害物质，在空气中可停留较长时间并输送到较远距离，从而影响空气质量和人体健康。

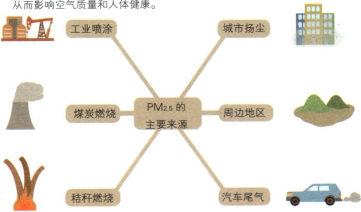

图3-21　雾霾中PM2.5的来源

霾是由空气中的灰尘、硫酸、硝酸、有机碳氢化合物等粒子组成的。它能使大气浑浊，多发于冬季。一旦PM2.5的排放超过大气循环能力和承载度，细颗粒物浓度将持续积聚，极易出现大范围的雾霾。

小提示

二氧化硫、氮氧化物以及可吸入颗粒物这三项是雾霾的主要成分，前两者为气态污染物，最后一项才是加重雾霾天气污染的罪魁祸首。世界卫生组织认为，PM2.5年均浓度达每立方米35微克时，人患病及致死的概率将会增加。

雾里面含有20多种有毒物质，霾对人体健康的危害则更大，会引发呼吸道疾病、脑血管疾病、鼻腔炎症等，并且在雾霾面前，心脏比肺部更加脆弱。雾霾天时，气压降低且空气中可吸入颗粒物剧增，空气流动性较差，因此空气中病毒浓度增高，疾病传播风险相应增高。2013年底，世界卫生组织明确将空气颗粒物包括PM2.5列为一级致癌物。

（二）雾霾的治理

治理雾霾、防治空气和环境污染是一场持久战，必须抓住产业结构、能源效率、尾气排放和扬尘等关键性环节，从源头上防范。

1. 减少污染物排放，在国家层面上加强综合治理，控制重点行业排污和扬尘。

2. 发展绿色交通，加强机动车尾气排放治理。大力发展新能源交通工具以及城市公交系统和城际轨道交通系统，鼓励绿色出行，节能减排。

3. 建立生态化发展模式，大力发展清洁能源，积极发展风能、太阳能等新能源，提高能源利用效率，发展节能环保产业，节约能源。

4. 提倡植树造林，树木可吸收二氧化碳、排出氧气，还可调节气候、减轻大气污染、净化空气和美化环境，因此应科学、合理地进行绿化建设。

5. 提高环境保护意识，加强和完善雾霾防治工作的立法、执法工作。

（三）雾霾防护指南

1. 尽量居家，少开窗，必须外出时切记要戴专门的防霾口罩，回家后要及时洗脸、漱口，清理鼻腔和口腔，去掉身上的雾霾残留物。

图3-22　雾霾天外出要戴防霾口罩

2. 多饮水，适当补充维生素D，饮食清淡，多食蔬果。

3. 老幼体弱者要减少外出，呼吸道疾病和心脑血管疾病患者要坚持按时服药。

4. 行车要减速慢行，打开防雾灯，保持安全车距。

5. 不要在室外进行体育锻炼和其他剧烈运动。

小提示

雾霾天气时，气压低，会加重角膜缺氧，造成眼睛干涩；空气中的微小污染物也会加重眼部过敏和感染风险，因此，最好不要佩戴隐形眼镜。

水旱灾害

一　洪水

　　洪水是由暴雨、急骤融冰化雪、风暴潮等自然因素引起的江河湖海水量迅速增加或水位迅猛上涨的水流现象。洪水漫过堤坝，淹没城市和村庄，冲毁了道路、桥梁、房屋，就形成了洪水灾害。

（一）了解洪水

图4-1　洪水来临前的征兆

　　洪水灾害会淹没农田和房屋，危及人民财产安全和生命安全，同时，还会破坏生态平衡，并造成水源污染从而引发肠道传染病等。

（二）洪水来临前的准备

1.准备好食物、衣物、饮用水、生活日用品和必要医疗用品，妥善安置家庭贵重物品。

图4-2　准备生活必需品和医疗用品

2.保存好通信设备，准备手电、口哨、镜子、打火机、鲜艳衣物等可作为信号的物品，做好被救援准备。

图4-3　洪水避险时的自救装备

3.严重的水灾通常发生在河流、沿海地带以及低洼地带。如果住在这些地方，当有连续暴雨或大暴雨时，必须格外小心，应注意收听气象台的洪水警报，要时刻观察房屋周围的溪河水位变化和山体有无异常。晚上更应十分警觉，随时做好安全转移的准备，选择最佳路线和目的地。

4.搜集木盆、木材、大件泡沫塑料等适合漂浮的材料，加工成救生装置以备急需。

（三）洪水避险指南

1.及时关注本地气象部门的预报和预警信息，提前防范，尽早撤离。

2.时间充裕的话，按预定路线，有组织地向山坡、高地转移。

图4-4　向高处转移

3. 来不及转移的话，立刻爬上楼顶、大树、高墙等高而牢固的建筑物暂时避险，等待救援。

图4-5　暂时避险

4. 被洪水包围的话，可选择门板、木排等进行水上转移。

5. 山洪暴发时，切勿渡河，警惕滑坡、滚石、泥石流伤害，并远离高压线、垂落的电线和其他电力设施，防止触电。

6. 车辆在洪水中熄火时，尽快弃车逃生。

7. 不要使用被污染的水源，被蚊虫叮咬后及时处理，注意环境卫生，做好卫生防疫措施。

小提示

　　危急时刻，生命及人身安全最重要，千万不要因顾及财产而返回家中收拾财物，谨防人财两空。

二　干旱

干旱通常是指长期无雨或少雨，水分不足以满足人的生存和经济发展的气候现象。

（一）了解干旱

导致干旱的原因有两方面：一是偶然性或周期性降水减少的自然因素；二是由于人口增加导致的水资源短缺、森林植被被破坏导致的植物蓄水作用丧失、人类活动导致的水体污染使水资源减少等人为因素。

表4-1　干旱预警等级与标准

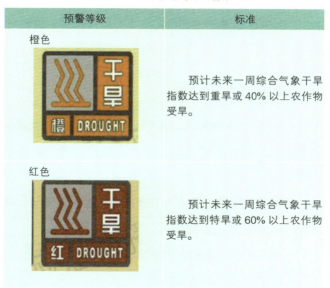

预警等级	标准
橙色	预计未来一周综合气象干旱指数达到重旱或40%以上农作物受旱。
红色	预计未来一周综合气象干旱指数达到特旱或60%以上农作物受旱。

干旱的危害主要有：一是危害农牧业的首要气象灾害，发生频率高、持续时间长、影响范围广，成为影响我国农牧业生产最严重的气象灾害；二是使生态环境进一步恶化，植被退化、土地荒漠化加剧；三是使北方地区气候偏旱，引发气候暖干化，带来森林火灾等其他灾情。

小提示

在我国，春旱发生的次数最多、持续时间最长，集中在东北的西南部、黄淮海地区、云南和四川南部、华南南部等地区。

（二）抗旱指南

1. 改进农作物构成，选择耐旱品种耕种，因地制宜地实行农林牧相结合的生态产业结构，改善农业生态环境。

2. 研究应用现代技术和节水措施，如人工增雨、喷滴灌、地膜覆盖、保墒。

3. 兴修水利，发展农田灌溉，科学用水、节水。

4. 植树造林，营造防风林，提高绿化面积，改善区域气候，降低干旱的危害。

三 城市内涝

　　城市内涝是指短时间内强降雨或连续降雨超过城市的排水能力，从而出现道路积水等灾害现象。城市内涝经常发生在城市低洼地带。

城市低洼地区

在建工地

下凹式立交桥

地下停车库

地下轨道交通

地下室

图4-6　容易发生城市内涝的区域

（一）行人自救指南

1. 注意观察道路情况，尽量贴近建筑物行走。不要走积水路段和有漩涡的地方，防止跌入水井、地坑等。

图4-7　内涝时的古力水井很危险

2. 远离高压线和其他电力设施，防止触电。

3. 立交桥桥洞、地下通道等内涝多发区域，不要久留。

4. 不要在积水路面骑电动车。

5. 遇到大暴雨时，尽量找遮蔽处避雨，最好去室内高楼层上避险。

（二）家中积水自救指南

1. 若家中地势低洼，可在暴雨来临前准备好沙袋放在门外，防止积水进入；或者在门口放置挡水板，筑高门槛。

2. 积水进入室内时，及时切断电源，防止触电受伤。

3. 家中积水过深时，尽快向高处转移，等待救援。

4. 如被洪水围困，可就近寻找脸盆、门板等作为逃生用品。

5. 手机无法正常使用时，可用手电照射、吹口哨或燃烧衣物等方法引起救援人员注意。

（三）行车自救指南

1. 开车出门时遇到内涝，应尽量停在地势较高的地方，尽量不在车内避雨。

2. 涉水时要打开大灯和危险应急报警灯（双闪灯），在进入漫水区之前，与前车保持较大安全车距，防止溅起的水进入发动机，造成车辆熄火。

3. 如车在深水中熄火，不要再启动发动机，防止其进水，应设法积极自救逃生。

主要海洋灾害

一 风暴潮

风暴潮是在剧烈的大气扰动下，由强风和气压骤变等强烈的天气系统引起的海面异常升高现象。

（一）了解风暴潮

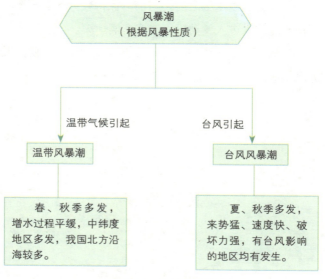

图5-1 风暴潮的分类

风暴潮能否成灾，取决于最大风暴潮位是否与天文潮高潮叠加，特别是是否与天文大潮的潮期叠加。如果刚好相重叠，就会使水位暴涨，形成更强的破坏力和毁灭性。风暴潮灾害影响范围广、危害大，居海洋灾害首位。

小提示

风暴潮受强劲海风的影响把海水冲向海岸，如遇到喇叭口似的入海口或因河流的顶托作用，风暴潮会更强。

地理位置处于海上大风的正面、海岸呈喇叭口形状、海底地势平缓、人口密度大、经济发达的地区受风暴潮影响较大。

莱州湾、江苏南部至浙江北部沿海、福建省闽江口附近、广东汕头至珠海江口地区、雷州半岛、东海及海南岛东北部沿海是我国风暴潮比较集中的区域。

图5-2　我国的风暴潮集中区域

（二）风暴潮防范指南

1. 及时关注风暴潮警报信息，提前做好准备。

2. 条件许可的话，水产养殖户可先打捞出养殖的水产生物，尽量减少损失。

3. 远离海边，到地势较高处避险。

4. 海上船只尽快返港，停好并拴牢船只。

5. 停止游泳、海上观光等一切海上活动，不要去海边钓鱼、看潮等。

二 赤潮

赤潮，又称红潮，是在特定的环境条件下，海水中某些浮游生物暴发性增殖或高度聚集而引起海水颜色异常的一种有害生态现象。

（一）了解赤潮

赤潮主要是由赤潮藻在特定环境条件下暴发性地增殖造成的。能形成赤潮的浮游生物称为赤潮生物，全世界已记录的赤潮生物有300种左右，在我国海域分布有127种左右，其中已在我国沿海引发赤潮的有30多种。

赤潮并不一定都是红色，根据引发赤潮的生物种类和数量的不同，海水有时也会呈现黄色、绿色、褐色等不同颜色。

表5-1　赤潮生物与海水颜色

赤潮生物名称	海水颜色
夜光藻、红海束毛藻、红硫菌等	红色 / 粉红色
硅藻	土黄色、黄褐色 / 灰褐色
蓝绿藻、绿色边毛藻等	绿色
裸甲藻等	茶色 / 茶褐色

图5-3　赤潮

海水温度是赤潮发生的重要环境因素，20℃—30℃的水温正适宜赤潮的发生。赤潮发生水域大多干旱少雨、天气闷热、水温偏高、风力较弱或潮流缓慢。夏季属于赤潮高发季节。

赤潮的危害主要有：

（1）赤潮发生时，大量赤潮生物聚集于鱼类的鳃部，使鱼类因缺氧而窒息死亡。

（2）破坏海洋正常的生态平衡，赤潮生物死亡后，藻体在分解过程中会大量消耗海水中的溶解氧，导致鱼类和其他海洋生物缺氧死亡。

图5-4　2017年大亚湾海域的赤潮导致上万条鲻鱼死亡

（3）鱼虾贝类吞食有毒藻类，导致中毒甚至死亡，从而引起海产品污染，影响人类健康和渔业发展。

（二）赤潮的防治

1. 控制海域的富营养化，建立赤潮防治、监测系统，提高预警和预报能力，连续跟踪监测，及时发布预报信息。

2. 严格控制沿海废水废物入海量，尤其要控制氮、磷和其他有机物的排放量。

3. 避免养殖废水的污染，提高养殖技术，改进养殖饵料种类，生态养殖；科学选择养殖品种，合理确定养殖密度，控制养殖面积。

三　灾害性海浪

灾害性海浪即海上波浪高达6米以上的引起灾害的海浪。

热带气旋（如台风、飓风）、温带气旋和强冷空气、大风等，能在海上引起大浪，掀翻船只，摧毁海港、海岸，从而造成巨大灾害。这种海浪即灾害性海浪。

灾害性海浪对海路运输、海上作业、海上军事活动、海洋渔业等都会造成极大的危害，也会对海上油气勘探开发带来巨大损失。它在损毁沿海堤岸、码头等的同时，还会伴有风暴潮，使大片农作物和水产养殖品种受损。海浪导致的泥沙运动还会淤塞港口和航道。灾难性海浪还会危及轮船的海上航行，使人类经济损失惨重。正确、及时地做好海浪预报工作，可为海上安全生产形成重要保障。

四　海啸

海啸就是由海底地震、火山爆发、海底滑坡或气象变化产生的破坏性海浪。

（一）了解海啸

海啸传播速度快，波速高达每小时700—800千米，在几小时内就能横过大洋，波长可达数百千米，能传播几千千米而能量损失很小。海啸通常不会在深海大洋上造成灾害，由于水深，波浪起伏较小，不易引起注意。海啸在大洋中可能波高不足一米，但当到达海岸浅水地带时，波长减短而波高急剧增高，可达数十米，形成含有巨大能量的"水墙"，冲上陆地后往往会对人民生命和财产造成严重损害。

图5-5　海啸所向披靡

　　海啸可按成因分为三类：地震海啸、火山海啸、滑坡海啸。通常海啸是由海底50千米以内、里氏震级6.5以上的海底地震引起的。地震海啸是海底发生地震时，海底地形急剧升降变动引起的海水强烈扰动。

表5-2　风暴潮与海啸的区别

区别名称	量级、范围、灾害程度	波形	产生原因和分布
风暴潮	小	1—2个峰值，波高渐次上升。	由强风引起，沿海和各大洋港口、海湾较明显。
海啸	大	多个峰值，连续多个波峰，很少有安静而缓慢地上升的波浪。	多由海底地震引起，发生区域与全球地震带一致。

风暴潮涨潮不淹没高地

海水转圈流动

图5-6 海啸与风暴潮相比更危险

环太平洋地区是地震海啸的多发区域，日本是全球发生地震海啸次数较多并且受害最深的国家。

小提示

引起海啸的地震会产生一种独特的声波，利用这种声波可以缩短海啸预警时间。

（二）海啸逃生

1. 地震是海啸最明显的前兆。如果你感觉到较强的震动，不要靠近海边、江河的入海口。如果听到有关附近地震的报告，要做好防海啸的准备，注意电视和广播新闻。海啸有时也会在地震发生几小时后到达离震源上千千米远的地方。

2. 海上船只听到海啸预警后应该避免返回港湾，海啸在海港中造成的落差和湍流非常危险。如果有足够时间，应该在海啸到来前把船开到开阔海面。如果没有时间开出海港，所有人都要撤离停泊在海港里的船只。

3. 海啸登陆时海水往往明显升高或降低，如果发现海面后退速度异常快，应立刻撤离到内陆地势较高的地方。

五 海冰

海冰是直接由海水冻结而成的咸水冰，也包括进入海洋中的大陆冰川、河冰及湖冰。海冰是极地和高纬度海域特有的海洋灾害。

北半球的海冰覆盖面积具有显著的季节性变化，以3—4月最大，8—9月最小。漂浮在海洋上的巨大冰块和冰山，会对海上的石油平台和船只产生灾难性的影响。我国渤海和黄海北部海冰灾害发生得比较频繁。根据资料统计，大约每5年发生一次较严重的海冰灾害，而局部海区几乎年年都会出现海冰灾害。

小提示

温度越低，海冰的抗压强度就越大，新冰比老冰抗压强度大。

图5-7　"白色杀手"——海冰

海冰的危害主要有：封锁港口、航道并破坏海洋工程建筑；阻碍船只航行，破坏船体，威胁其安全航行；撞击、挤压和损坏船只，造成船只搁浅、触礁等灾难性事故；妨碍渔业、海水养殖业发展，延长休渔期并破坏海水养殖设施等，带来经济损失。

目前，我们可利用多种技术开展立体海冰观测，密切关注冰情演变；研究并发布海冰预报等。遇到海冰灾害时，无抗冰能力的船只应远离冰区航行，加固海上浮标、灯标等导航设施和渔业养殖设施，提前打捞养殖产品。沿海居民及旅游者应避免在融化期的海冰上行走。

六 离岸流

离岸流又叫裂流，是在海浪和浅滩地形的共同作用下，岸边的一股射束式的狭窄而强劲的水流，多以垂直或接近垂直于岸边的方向回流入海，可将人卷入深水，其速度可达2米/秒以上，长度可达上百米。

离岸流往往暗藏在平静的海面下，具有突发性和随机性，每股水流持续时间为几分钟甚至更长，其强度和状态会受潮汐、天文、风力风向等多种因素影响，不可预见。

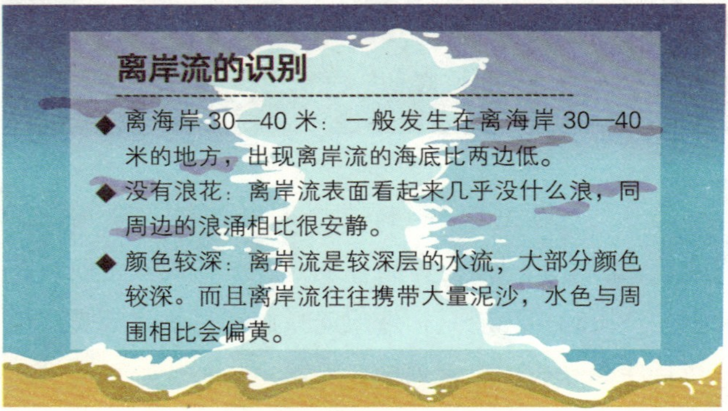

离岸流的识别

◆ 离海岸 30—40 米：一般发生在离海岸 30—40 米的地方，出现离岸流的海底比两边低。
◆ 没有浪花：离岸流表面看起来几乎没什么浪，同周边的浪涌相比就很安静。
◆ 颜色较深：离岸流是较深层的水流，大部分颜色较深。而且离岸流往往携带大量泥沙，水色与周围相比会偏黄。

图5-8　离岸流具有隐蔽性

离岸流在任何天气条件下、多种类型的海滩上都可能发生，而且能量巨大，是海滨浴场的最大危险，也是发生海滩溺水事故最主要的原因。夏季是离岸流的多发季节，我国沿海多数滨海旅游海滩均出现过离岸流现象和溺水事故。

防范离岸流，应做到以下几点。

（1）严格遵照海滨的安全提示，避开有可能发生离岸流的区域，一般来说海滨地形缺口处是离岸流多发区。

（2）避开海里狭窄而浑浊的条状水流，阴历初一或十五天文大潮期间尽量不下水游泳。

（3）被卷入离岸流时，尽力保持冷静、节省体力，调整好呼吸、放松身体，千万不要挣扎和反抗离岸流的力量。努力沿着平行于海岸线的方向游出，离岸流有几米到上百米的宽度，只要游出这个范围即可。如暂时无法游出离岸流，可先随水流飘荡，水流减缓后再从离岸流两侧有白浪花的区域向岸上游回并大声呼救。

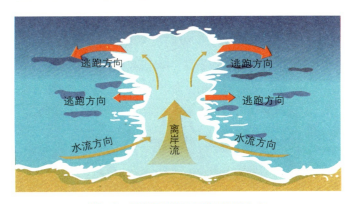

图5-9　遭遇离岸流时正确的逃跑方向

小提示

　　低潮、大浪更容易产生离岸流，去海滩前请查阅当地潮时和海浪预报，选择正规的滨海旅游区，在救生员视线范围内游泳或冲浪。应自觉躲避浅滩沙槽、海岬、礁石等离岸流高发区。

森林（草原）火灾

　　森林（草原）火灾是指失去人为控制，在森林内和草原上自由蔓延和扩展，对森林草原、生态系统和人类带来一定危害和损失的林草失火燃烧现象，是一种突发性强、破坏性大、处置和救助较为困难的自然灾害。

　　森林（草原）火灾不仅会严重破坏森林（草原）资源和生态环境，还会对人民生命财产和公共安全产生极大危害，对国民经济可持续发展和生态安全造成巨大威胁。

一　森林（草原）火灾的形成

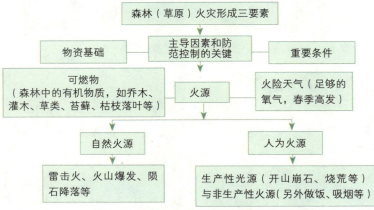

图6-1　形成森林（草原）火灾的三要素

上坟烧纸、开垦烧荒、吸烟等引起的森林（草原）火灾最多。人为火源的管理是森林（草原）防火工作的重中之重。

💡 **小提示**

森林（草原）火灾的具体危害包括烧毁自然植被资源、危害野生动物、引起水土流失和水质下降、造成空气污染、威胁人民生命财产安全。

◆ 　西部地区，比如新疆，森林防火期主要集中在7—9月。

◆ 　东北、华北森林火灾多出现在春、秋两季，即每年的4—6月和9—11月。大兴安岭林区的森林火灾高发期以5月为主。

◆ 　华东、华南、西南地区森林火灾多发生在冬季和早春，即2—3月，特别是春节期间，由于人为火源易发难控，森林火灾往往集中爆发。

图6-2　全国主要地区森林火灾高发期

二　森林（草原）火灾的逃生自救

1. 不要随意选择方向逃生，要先拨打12119报警，说明火灾发生地点、火势，做好自身防护，确保自身安全。

2. 正确判断风向，不要与火赛跑。一旦顺风而逃，极易被火势追上并围困。

3. 不能往山顶方向逃生，随着烟气上升，山火向山顶方向扩展较快。应用湿毛巾捂住口鼻，逆风向下或横走。

4. 被火灾围困时，应选择植被稀疏的空旷地，远离低洼或坑、洞等容易沉淀烟尘的地方。

5. 除去身上易燃衣物，将身上衣服浸湿，为自己多加一层防护；或跳入水沟、水塘、河流中避险。

6. 撤离时应注意避开悬崖、陡坡，往火地两翼逃生。顺利脱离火场后，应注意防止同样逃出的毒蛇、毒虫和野兽的侵袭。

图6-3　禁止向上逃生

无法脱险时可选择植被少的地方卧倒，或将自己周围的燃烧物点燃，使其不能再燃烧。

扒开土层直至见到湿土，将脸贴近湿土并用打湿的衣物包住身体，双手放身体下面，紧急避险自救。

图6-4　无法脱险时的自救

日常生活中的有害生物灾害

一 鼠类的防治

1. 从整治其栖息环境和食源控制入手，清除垃圾、杂物，保持环境整洁；保管好食物，断绝食源；阻断通道，堵塞鼠洞。

2. 完善防鼠设施。一是室内下水道和排水沟要完整无缺，其间距不大于1.5厘米；通向外环境的管道要有挡鼠网，防止老鼠进入。二是门窗要严实，间隙要小于0.6厘米，食品库房的门和厨房操作间朝外开的门应在下部镶铁皮踢板，高度为30—60厘米。三是室内所有孔洞、缝隙以及各类管道和电缆进出室内的孔洞要用水泥等材料封堵。四是位于地下室或第一层楼的厨房操作间窗户及通气或排气孔要加装铁丝网，网眼为13毫米×13毫米。

3. 物理防治。使用鼠夹、粘鼠板、鼠笼、驱鼠器、电子灭鼠器等进行防治。

4. 药物灭鼠。灭鼠药必须选用具备农业部农药登记证和国家发改委生产许可证的正规厂家的合格产品，严禁使用毒鼠强。

二 蜱虫的防治

蜱虫在夏季繁殖旺盛，活跃在山区的草地或者灌木丛中。被蜱虫咬了之后，轻微的症状就是被咬的部位会出现发红或有出血的情况，通常是大面积发红。而且被咬的人常会长时间发高烧，伴随头痛、眼痛和腰痛，脸、颈和胸部会出现充血的情况。有时，被咬的人还会感到头晕、疲乏、恶心、呕吐等。

1. 外出游玩时要避免长时间在树林和草丛中保持坐卧姿势，因为蜱虫大多生活在草丛中，嗅觉非常灵敏，当嗅到人体的气血味道时，就会从草丛中爬出来，钻入人体皮肤吸血。

2. 在进入草丛多的地区时，要尽量穿长衣和长裤。衣服和衣服之间最好不要留有空隙，不要光脚或穿凉鞋，在穿长裤时，最好把裤腿塞入袜子中；最好穿浅色的衣服，以便查找蜱虫。

3. 在炎热的夏天，最好少到草多的地方，避免进行爬山等运动，在进行户外活动时，可以在身体暴露在外的部位涂抹一些具有驱虫作用的药物。

4. 外出回家后，要注意检查衣服和身体，看看衣服上面是否有蜱虫，身体某些部位是否有蜱虫叮咬或附着并及时清除掉。

5. 野外工作或野营时，最好在衣服或帐篷上喷洒适量的驱虫药物，以防止被周围草丛中的蜱虫叮咬。

6.蜱虫体型比蚂蚁稍大，比蜘蛛小，头部、胸部、腹部合成一体。当发现蜱虫叮咬人体时，不要用手强行拉扯，以免扯断蜱虫，导致部分蜱虫残留在体内，引起局部感染的发生。切记不要直接用手去拿掉蜱虫。

（1）建议在蜱虫身上稍微涂抹一些酒精，这样对蜱虫身体会产生刺激的作用，方便自己把蜱虫拿下来，尤其是蜱虫的头部更加要取出来。

（2）可在蜱虫旁边点一些蚊香，35分钟之后，蜱虫会变得松垮，然后再将凡士林涂抹在上面，它就会窒息。

（3）被叮咬之后必须要对伤口进行消毒处理，如果发现蜱虫的口器断在皮肤内，必须要采取手术尽快取出，应及时去正规医院处理。

三 蚊蝇及蟑螂的防治

蚊蝇是"四害"之首，它们繁殖能力强，传播范围广。蚊子能传播疟疾、乙型脑炎、丝虫病、登革热、黄热病等疾病；蝇可传播痢疾、甲型肝炎、急性胃肠炎、食物中毒、砂眼、小儿麻痹、蛔虫、霍乱等疾病；蟑螂能携带40多种对脊椎动物致病的细菌，还携带多种病毒包括脊髓灰质炎病毒、腺病毒、肠道病毒和肝炎病毒，导致乙肝及哮喘等多种疾病。

1.从源头将蚊虫消灭，及时清理家中的水源，将卫生打扫干净，能减少其滋生。在有蚊蝇的位置喷洒药物，可以将其杀死或者驱赶。在蚊蝇常出没位置放置肥皂水，可以杀死蚊蝇的卵，减少蚊蝇滋生。

2. 清除垃圾，清理积水，从源头上消除蚊蝇、蟑螂的繁殖场所，是消灭蚊蝇的治本之策。应积极开展环境卫生集中整治，重点做好垃圾、粪便及废弃物等蚊蝇繁殖地的清理，尤其是城区废品收购站、建筑工地、住宅周边湖泊（湿地）、低洼积水坑、死水潭、杂草地等，做到日产日清。

3. 打扫干净家中厨卫，垃圾容器保持密闭且定期清洗；尤其水池、卫生间、墙角、下水道口等隐蔽场所要定时清理，不留卫生死角，随手冲厕；汤汁残羹最招蚊蝇，饮食垃圾应处置规范，不乱倒乱扔；维护好下水系统，采取防杀措施，保障排水畅通，及时检查疏通；翻缸倒罐，清除废弃器皿，加强杂物堆放管理。

4. 在蚊蝇常出没的地方喷洒药物，可以将蚊蝇熏死或者驱走，是较为有效的灭蚊蝇的方法。但是杀虫剂对身体有一定的影响，喷洒完之后人需要避开，防止吸入有害气体。

5. 抹缝堵洞，预防蟑螂入侵。搞好家庭卫生的同时，断绝其食物和水源，消除其栖息场所。必要时可投放灭蟑毒饵、胶饵进行灭杀。夏季室内可增设纱窗、灭蚊灯、电蚊香等设施进行防灭蚊虫。

6. 对于餐饮业来讲，室内各种橱柜（碗柜、酒柜、食品柜、更衣柜）要密闭无缝隙，提倡使用不锈钢或玻璃制品等器具；室内墙壁、装饰条、地脚线、配电盘、灭火箱等处应无缝隙；食品必须加盖或放入冰柜保存，操作台或加工食品场所无残存食品，保持清洁，定期清扫洗刷；生活垃圾必须袋装化，每天清除，垃圾桶必须加盖密闭；下水道保持畅通，地面及下水道不得有残余食品残渣，要冲刷干净；整包装食品必须进行预检查，特别是纸箱罐头、方便面等要在室外打开包装检查后再搬入室内，防止蟑螂及卵鞘带到室内；采用粘蟑胶板，定期进行自测，一旦发现要及时投药消杀，防止泛滥扩散。